グレタ・トゥーンベリ

グレタの真実

3週間で世界を変えた少女の素顔

アンダシュ・ヘルベリ

潮出版社

グレタ・トゥーンベリ

沈黙は
最大級の罪

ティーンエイジャーが世界的活動家になるまで

アンダシュ・ヘルベリ

もくじ

プロローグ
7

1
第一週
オタク
13

2
第二週
ずる休み
61

3
第三週
あのティーンエイジャー
107

4
その後
友だち
157

気候のための学校ストライキに参加するグレタ

Greta Thunberg
@GretaThunberg

This picture was taken by Swedish photographer Anders Hellberg of Effekt magazine. He gave up all rights so that it could be used by anyone for free. So please don't give credit to anyone else for using it. And please credit him whenever it is being used.

Översätt tweeten

この写真は、『Effekt』誌のスウェーデン人写真家アンダシュ・ヘルベリさんが撮ってくれたものです。ヘルベリさんはすべての権利を放棄して、この写真をだれでも自由に使えるようにしてくれました。この写真をみかけたら、それを使っている人じゃなく、ヘルベリさんを褒めたたえてくださいね。

プロローグ

世界中の何百万人ものフォロワーたちに向けたグレタのツイートをみたとき、ぼくは声をあげて笑った。なかなかおもしろいジョークだ。実際は著作権の放棄をしたわけではなかったからだ。しかしこうなったらそうしないわけにはいかない。

いまはだれもがグレタ・トゥーンベリのことを知っている。十五歳。アスペルガー症候群、高機能自閉症、強迫神経症。三つ編みにした髪。九年生になったばかりだった、二〇一八年八月のある月曜の朝、グレタは学校には行かず、ストックホルムにあるスウェーデン国会議事堂の前にひとりで座りこんだ。傍《かたわ》らには手製のプラカードとチラシの束。そして大人たちに呼びかけた「子どもたちの訴えをもっとよくきいてください」グレタのいう子どもたちの訴えとは、科学者の話に耳を傾けてほしい、というものだ。科学者たちは何年も前から、気候や生物多様性、さらには人間の社会までもが悪化の一途をたどるだろうと、人々に警告している。少なくとも、いますぐになにかの対処をしなければ、すべては地獄行きだ。

あまり知られていないのは、黄色いレインコートを着たグレタの写真の出所についてだ。この写真が最終的に著作権フリーになった経緯も、同じくあまり知られていない。個人的には、大きな時流の中で起こったちょっとした笑い話のようなものだと考えているが、その経緯を文章にしてほしいと友人や家族から長いこといわれてき

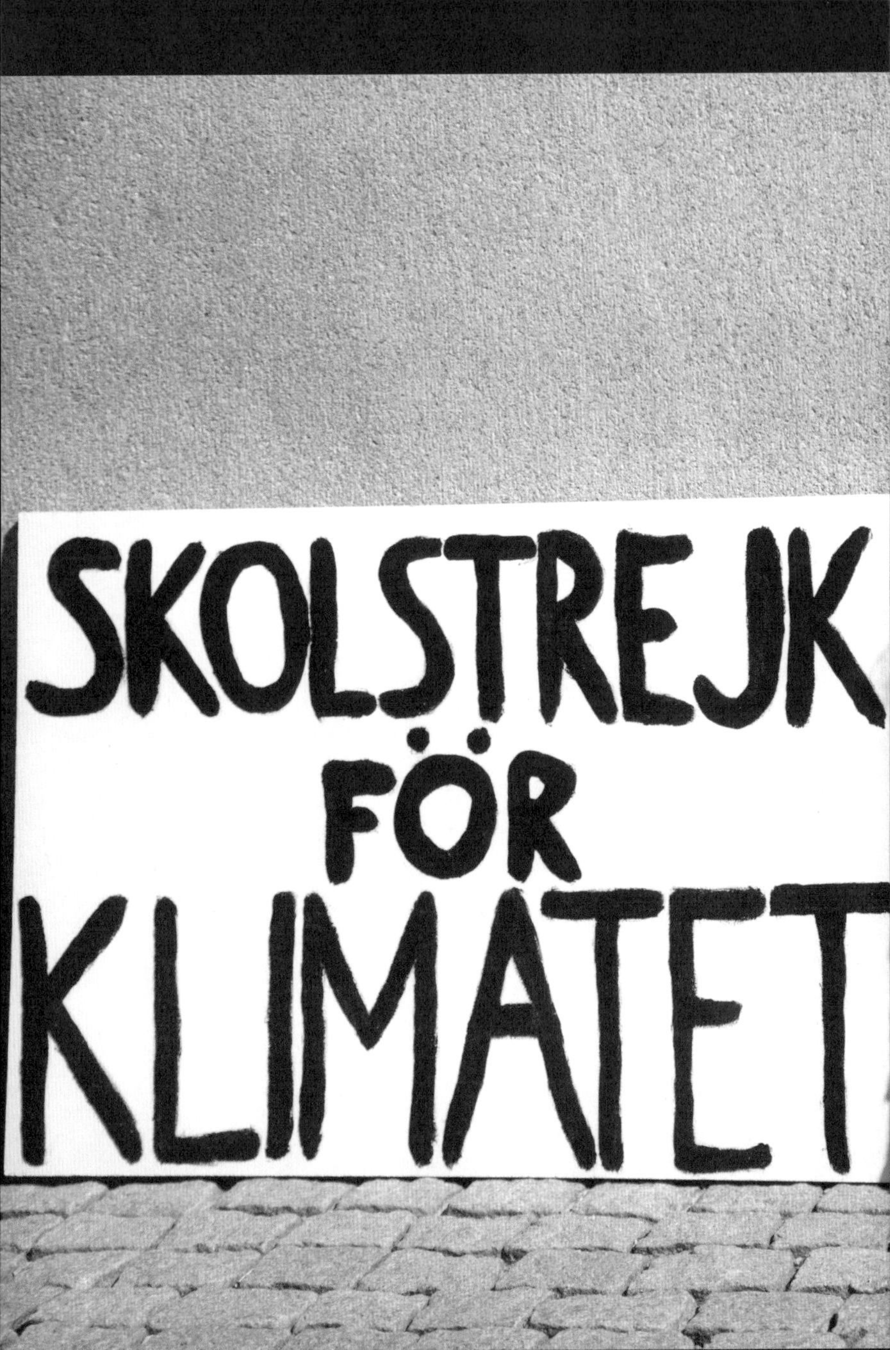
SKOLSTREJK
FÖR
KLIMATET

たし、だったらそれに応えてみようと決めた。それはパズルのピースのひとつにすぎないが、すでに存在するほかのすべてのピースと組みあわせてパズルを完成することができたとき、グレタ・トゥーンベリが「気候のための学校ストライキ」をはじめた理由が少しは明らかになるだろう。

アンダシュ・ヘルベリ
二〇二〇年十二月、ストックホルムにて

1

第一週

「オタク」

映画『グレタ　ひとりぼっちの挑戦』の中に、とてもおもしろいシーンがある。フランスの大統領エマニュエル・マクロンに、気候の問題について本をたくさん読むのかと尋ねられたとき、グレタはごくごくまじめにこう答えた。

「はい。たくさん読みます。わたし、オタクなんです」

もちろん、マクロン大統領はこれをきいて大受け。

ぼくも大笑いした。グレタに共感をおぼえたからだ。

子どものころから——小学生か中学生のころからだったと思う——ぼくは世界の環境問題に興味を持ちはじめていた。しかし、一九八〇年代後半、話題になっていたのは気候問題ではなく、熱帯雨林とかクジラとかパンダとか、その他いろいろなものをいかに守るかということだった。オゾンホールについて心配する人も多かった。

夏休みによくやっていた活動のひとつに、スウェーデン国内のさまざまな環境団体に手紙を書き、特定の環境問題について質問をする、というものがあった。運がよければ、団体の会報やレポートや統計資料を送ってもらえる。それが楽しみで、郵便配達が来るのを外に座って待っていたものだ。ぼくあての手紙が届いたときは、クリスマスが来たみたいにうれしかった。付けくわえておくと、まだインターネットのなかった時代だ。

成長してからも、環境への関心が薄れることはなかった。いちばんの関心事というわけではなかったものの、二十二歳のときには国際環境NGOのグリーンピースに加わり、二〇〇一年から二〇一一年まで在籍した。はじめはボランティアの活動家としての参加だったが、のちに雇用契約を結んだ。さまざまな仕事をしたが、そのひとつが気候問題のキャンペーン・リーダーだった。気候問題の重要性は政治の世界でも高まる一方で、年を追うごとに、その緊急性も増していくように思われた。

グリーンピースを離れたのは、環境問題のジャーナリストになりたかったからだ。その理由のひとつは、環境問題を真剣に取りあげようとしないマスコミへの不満を、ずっと前から抱えていたこと。ぼくならもっときちんと報道することができると確信していた。

とはいえ、ジャーナリストになる方法がわからない。しばらくは途方に暮れるばかりだったが、二週間か三週間ほどたったころ、幸運が訪れた。環境、気候、サステナビリティといった問題を扱う雑誌である『Miljöaktuell（環境問題）』（現在の『Aktuell Hållbarhet〈現代の持続可能性〉』）にフリーランスで記事を書かせてもらえることになったのだ。二〇〇九年にコペンハーゲンで開催された気候サミットに先駆けて、同雑誌に資料的な記事をいくつか書いたことがあったのが、この仕事につながった。ぼくが環境問題に明るいことや、まともな文章を書く力があることを、出版社側がわかっていてくれたのだ。仕事の初日、編集長に一冊の本を紹介された。ソーレン・ラーションの『Att skriva i tidning（新聞の書きかた）』。家に帰ってこれを読みなさい、読みおわったらまた出社するように、とのこと。仕事はそこから始まるというのだ。ぼくにとって、ジャーナリストになるための勉強はそれが最初で最後だった。

それから十年たったいまも、ジャーナリズムは最高におもしろくてエキサイティングな仕事だと思っている。

そしてありがたいことに、環境問題についての発信に力を入れるジャーナリストは以前よりもずっと多くなったし、同問題に関するスウェーデンのマスコミの態度も、以前よりはよくなったといえる。

こうした背景もあって、二〇一八年の八月の朝、グレタ・トゥーンベリのツイートをはじめて目にしたとき、ぼくは内心どきりとした。なぜなら――

彼女のメッセージは賢明であると同時に、進歩的かつ挑発的だ。「気候問題について、科学者の声に耳を傾けろ」というのだ。

抗議の方法として選んだのが、学校ストライキという平和的でわかりやすいやりかただった。そのタイミングも場所も、ほぼ完璧といっていい（ストライキを始めたのはスウェーデンの総選挙の数週間前で、場所はスウェーデン国会議事堂前。ストックホルムの中心部にあって、一日に何千人もの人が通行する場所であり、スウェーデンの権力の所在地でもあった）。簡単にはあきらめないという意志を初日から明確にしていた。また、選挙までの三週間、学校ストライキを月曜日から金曜日まで毎日続けると宣言した。天気がどうであろうと、人々から支持を得られなくても、絶対に休まないと。

ツイッターに投稿された写真からも、彼女のイメージは、巨人兵士ゴリアテに挑んだ羊飼いダビデを彷彿《ほうふつ》させる。まだ幼さの残る少女が、友だちも家族もなにかの組織の応援もなく、たったひとりで、すべての政治家に戦いを挑んでいるのだ。というより、すべての人々に挑戦しているといってもいい。

この日、ぼくは気候問題を扱う雑誌『Effekt《エフェクト》』の秋号制作に取りかかることになっていた。購読者はおよそ千人、ぼくが編集長を務める雑誌だ。校了予定はちょうど四週間後、九月十七日の月曜日。ぼくはセーデルマルム〈訳注：ストックホルムの中心部〉のカフェに座って、秋号をどんな一冊にしようかと考えながら、それまでいっしょに仕事をしたことのあるフリーランスのライターたちに連絡をとり、原稿の依頼をしていた。

そのころツイッターでは、国会議事堂前で抗議活動をしているグレタに注目が集まりつつあった。当然といえば当然だ。当時、環境問題や気候問題が選挙運動で討論されることはあまりなかったが、グレタのおかげでようやく日の目をみるようになったのだ。しばらくすると、ぼくもとうとう好奇心を抑えきれなくなり、ノートパソコンを閉じて国会議事堂へと歩きだした。ICレコーダーはいつもリュックに入っている。残念ながらカメラは家に置いてきてしまったが、携帯電話のカメラを使って撮影すれば、オンラインサイト用の記事が書ける。紙の雑誌のほうでもこのことにちょっと触れてみようか、などと考えていた。

目的地に着くと、すぐにグレタをみつけることができた。グレタは地面に置いた薄いクッションの上に座り、オープンエアになった国会議事堂の通路の柱に背中を預けていた。通路の両側は大きな石造りの建物。横にリュックが置いてある。白いベニヤ板で作ったプラカードには「気候のための学校ストライキ」と書いてあった。一メートルほど前方の地面には、A4サイズのチラシの束。上に石がひとつ置いてあり、風で飛ばされないようになっていた。

ぼくは活動家でもありジャーナリストでもある。そのどちらの立場からみても、この抗議活動は成功するんじゃないかと思えた。
政治家、役人、警備員、ジャーナリスト、観光客、そのほかさまざまな人々が途切れることなく行き交っている。そのひとりひとりが驚いた顔をして、グレタとプラカードをみつめた。チラシを取っていく人はいるが、立ちどまってグレタに話しかける人はほとんどいない。ただじっとみるだけだ。
なにか大きなものが動きだそうとしている。ぼくはそう確信した。
撮影クルーのような人たちが現場をとりまいている。ぼくはちょっと離れたところに立って、彼らの話に耳をそばだてていたが、しばらくしてわかった。なにかのドキュメンタリー作品を作ろうとしているらしい。なるほど、グレタの上着に黒いピンマイクがついているのはそういうわけか。
彼らのうちのひとり、ぼくと同年代と思われるひとりの男——長髪で赤いジャケットを着ていた——がぼくに近づいてきた。ぼくが興味津々といったふうに状況を見守っているのに気づいたらしい。彼はグレタの父親、スヴァンテ・トゥーンベリだった。
この日まで、ほかの多くの人々と同じように、ぼくはグレタ・トゥーンベリがどういう人物なのかをあまりよく知らなかった。ツイッターでぼくをフォローしてくれているのは知っていたし、ぼくも彼女をフォローしていた。その年の四月の新聞〈Svenska《スヴェンスカ》 Dagbladet《ダーグブラーデット》〉にはグレタの母親、マレーナ・エルンマンについての記事が出ていた。有名なオペラ歌手であるマレーナは、気候問題とメンタルヘルスについての本を執筆中だという。数週間後には、同じ新聞にグレタ本人が書いたオピニオン記事が掲載されていた。二〇一八年五月末のことだ。気候問題について若い人たちが記事を書くコンペのようなものだった。グレタの記事は最優秀賞ではなかったが、講評されたトップ三人のうちのひとりではあった。

国会議事堂にむかう途中、記事を検索して読んでみた。その内容の一部はこんな感じだった。

「地球温暖化についてはじめてきいたとき、まさかそんなことがあるはずはない、そんなことでわたしたちすべての生き物の命が脅《おびや》かされるなんてありえない、と思いました。だって、もしそれが本当のことなら、みんなはそのことで頭がいっぱいになるはずでしょう？　テレビをつけたらすぐ、その話題が出てくるはず。チラシが配られ、ラジオでもテレビでもそのことばかり話しているはず。ほかのことなんてどうでもいいって考えるはずです。

世界的な大戦争が起こっているのと同じなんですから。

なのに、だれもなにもいわない……」
グーグル検索をして六月末くらいから得られた情報によると、マレーナ・エルンマンの本は八月二十四日に出版されるとのこと。ちょうど、グレタが学校ストライキをはじめた週の金曜日だ。本のタイトルは『Scener ur hjärtat（心からのシーン）』（英語タイトル『Scenes from the Heart』／邦題『グレタ　たったひとりのストライキ』、海と月社刊）。夫のスヴァンテ・トゥーンベリと娘のグレタの名も、共著者として記されている。のちに、グレタの妹のベアタも参画したことがわかった。
当時のぼくは、それ以上のことは知らなかった。そしてそのときはじめて、グレタに話しかけた。近づいていってグレタの前にしゃがみこみ、自己紹介をしてから、質問をしてもいいかと尋ねた。グレタは了承してくれた。
最高の出来というわけではないが、『Effekt』のオンラインサイトのために書いた短い記事をここに紹介する。

「わたしはグレタ、九年生です。選挙の日まで学校ストライキを続けます」
今日、国会議事堂でひとつの抗議活動がはじまった。その目的は、政治家たちに気候問題を最重要議題と認識させること。

月曜日の朝、十五歳のグレタ・トゥーンベリは、ストックホルムの国会議事堂の外で抗議活動をはじめた。通行人のために用意されたチラシにはこう書いてある。「わたしはグレタ、九年生です。選挙の日まで学校ストライキを続けます」

また、こうも書かれていた。

「子どもは大人に『これをやりなさい』といわれたことをするのではなく、大人がなにをしているのかをみて、同じことをします。大人は、わたしの将来のことなんかちっとも気にかけていません。だからわたしも、自分の将来のことなんか考えません」

グレタ・トゥーンベリが『Effekt』に語ったところによると、彼女の願いは、政治家たちが責任を持って気候問題に取り組み、それを選挙運動における最重要テーマにすることだという。学校の先生たちには、このストライキのことは報告済み。九月九日の総選挙投票日までは毎日、議事堂前でメッセージを発信し続けるとのこと。

これまでの人々の反応についてきいてみたところ、「全体としていい手応えを感じています」とのことだった。

SNSでも、多くの人々がグレタの活動を応援している。この記事を書いているいま現在、グレタのツイートは何百回もシェアされている。

グレタにインタビューをしたあとも、ぼくはその場に残り、少し離れたところから状況を見守った。目が話せない状況だった。雑誌『Dagens ETC《ダーゲンス》』が先に来ていたのがわかった。スウェーデン最大のタブロイド紙『Aftonbladet《アフトンブラーデット》』もやってきた。

それらの取材が終わったいまは、たくさんの人々が行き交うばかり。

そんなとき、ぼくは考えはじめた。今後、このことはどうなるだろう。ありそうなシナリオといえば、この抗議活動にマスコミが大注目するが、それは最初のうちだけで、次になにかおもしろそうなことが起これば話題はそちらに移っていく、というものだ。熱なんてあっというまに冷めてしまう。これがいわゆる〝つかのまの名声〟なら、もうこれでおしまいかもしれない。三週間後に選挙を控えたいま、これといった話題がほかにない。ただそれだけなのではないか。

近くのカフェに移動して、グレタについてのオンラインサイト用記事を書きはじめよう。そう思ってからも、どういうわけか、その場を離れることができなかった。

『Scener ur hjärtat』の小型版には学校ストライキの章が追加されていて、そこにはぼくのことも書かれていた。まるで、ぼくとの出会いがその後の流れを作ったかのような文章だった。

環境問題を扱う雑誌『Effekt』の写真家のアンダシュ・ヘルベリ氏がやってきて、写真を撮りはじめた。移動しながらさまざまな角度から撮影していたが、始終、行き交う人々に紛れるような位置にいた。片手にカメラを持ち、にこにこ笑って、何時間もそこにいた。

「よし」。何人かが立ちどまってグレタに話しかけると、彼はそういって、グレタと通行人たちが作るステージに顔とカメラを向けた。

「よし!」。何度も繰りかえし、そのうち、なんともうれしそうに笑いだした。

あのときぼくが心から心配していたのは、あそこに座っているグレタにだれひとり関心を払うことなく、時間が過ぎていくのではないかということだった。一日たっても二日たってもなにも起こらなかったら、グレタは予定より早く活動をやめてしまうかもしれない。そのせいで気候問題に関わる意欲を失ってしまうとしたら、とても残念なことだ。

当時の自分の考えについてははっきり思い出せない部分もあるが、いずれにしても、ぼくは中年の環境問題活動家であり、気候問題を扱う雑誌の編集長だった。その場で決めたことがひとつある。三週間、毎日ここを訪れよう。写真を撮って、グレタに話しかけ、オンラインサイトに記事を書こう。そのための時間が必要だが、なんとかなるだろう。そうすれば、グレタは少なくとも一日に一回、インタビューを受けることになる。ストライキをやり続ける気力を失わずにすむのではないか。

正直なところ、それは自分のためでもあった。少しでもグレタの活動に貢献《こうけん》することができればうれしいし、総選挙の前に気候問題に人々の注目を集めたいと思った。

しかし、その心配がばかげたものだったということはすぐにわかった。翌日には、若者や大人がグレタに近づき、学校ストライキに参加したり、活動を支援したりしはじめた。それだけではない。ジャーナリストもたくさんやってきた。そして何日もしないうちに、グレタは世界の有名人になった。国会議事堂の前で、ＢＢＣやＣＮＮなど、マスコミ各社のインタビューを受けていた。

ぼくはぼくで、もうあとに引けなくなっていた。『Effekt』の読者たちに、グレタの記事を書き続けると約束してしまったからだ――それも毎日。

2018年　8月20日
月曜日

「

学校に行け!
ばかなことはやめろ。
責任ある大人として、
はっきりいわせてもらう

」

学校ストライキについてのグレタのツイートにつけられたコメントのひとつだ。
同様のコメントを、明日以降も紹介していこう。

SKOLSTREJK
FÖR
KLIMATET

2018年　8月21日
火曜日

「

義務教育を
なんだと思っている。
両親を訴《そ》追《つい》するべきだ

」

SKOLSTREJK
FÖR
KLIMATET

STREJK
ÖR
MATET

SKOLSTRE
ÖR

2018年　8月22日

水曜日

「

ばかばかしい。
痛々しい

」

SKOLS
FÖ
KLIM

2018年　8月23日

木曜日

「

学校に行って勉強しろ。
でないと
まともなことはできないぞ。
道端に座りこむなんて、
だれだってできることだ

」

SKOLSTREJK
FÖR
KLIMATET

SKOLSTREJK
FÖR
KLIMATET
SAMHÄLLE

SKOLSTREJK
FÖR
KLIMATE

KOLSTREJK
FÖR
IMAT

SKOLSTREJK
FÖR
KLIMATET

SKOLSTREJK
FÖR
KLIMATET

SKOLSTREJ
FÖR
KLIMATE

SKOLSTREJK
FÖR
KLIMATE

2018年　8月24日

金曜日

「

社会省は
あの子を保護して、
もっとまともな親に
育てさせるべきじゃないのか？

」

SKOLSTREJK
FÖR
KLIMATET

SKOLSTRE
FÖR
KLIMA

SKOLSTREJK
FÖR
KLIMATET

2

第二週
「ずる休み」

〝叩き〟はすぐにはじまった。

初日から、人々の反応は二手に分かれた。ひとつは学校ストライキに賛成するグループ、もうひとつはグレタを叩き、グレタが注目されているのが気に食わないというグループ。この対立はツイッター上でもっとも顕著にあらわれた。

たとえば、グレタの最初のツイートには、スウェーデン民主党のマルティン・キンヌネン議員から、次のようなコメントがついた。

「学校に行きなさい！　ばかなことはやめなさい。責任ある大人として、はっきりいわせてもらう」

否定的なコメントはずっと続いた。グレタは毎朝議事堂前に行き、新しいツイートをする。午後にもまたひとつツイートをする。そのたび、少なくとも五つくらいの軽蔑《けいべつ》に満ちたコメントがついた。

ツイッターに〝あおり〟投稿が多いことはだれでも知っている事実だが、問題は、今回の出来事が学校ストライキだったということだ。驚くほど多くの政治家が、グレタの存在感を必死で抑えこもうとしているようだった。

穏健党（保守自由主義政党）のハニフ・バリ議員は、八月二十二日にこんなツイートをした。グレタのツイートに対する直接的なリプライではないが、この状況に対するコメントであることは明らかだった。

「十五歳の生徒たちに重要な事実を教えていない社会科の教師がいるのだろう。国会は、選挙期間中には招集されない。そういうことをきちんと教えてやらないから、政治家に対する抗議活動をするのに的外れな場所を選ぶ生徒が出てくるわけだ」

学校ストライキをグレタの両親と結びつけて批判しようとする人も多かった。執筆中の本についても言及されていた。

たとえば、穏健党のラーズ・ベックマン議員による八月二十三日のツイート。

「ストライキをやっているのがマレーナ・エルンマンの娘だとすれば（中略）、SVT nyheter（スウェーデン・テレビ）、Expressen（新聞社）、Aftonbladet（新聞社）といったマスコミアカウントがそのことにまったく触れないのはなぜなのか」

そして数日後、ベックマン議員は同じスレッド内にこう付けくわえた。

「スウェーデン・テレビをみていると、どこにでもいそうな十五歳の女の子がストライキをはじめたかのような印象を受けるが、これは本当は本の宣伝であり、政治的キャンペーンなのだ」

穏健党のウルフ・クリステルソン議員は、このときの選挙運動中ずっと同じことをいっていた。スウェーデンでは人と人との対話がうまくいっていないのではないか、こんなときこそ穏健党の議員が〝大人として〟いいお手本をみせるべきなのだ、と。
こんな流れのせいで、世間には疑問の声がわいてきた。穏健党の主要議員たちはなぜ、SNSを使ってひとりの子どもをいじめるんだろう、と。
ジャーナリストであり評価の高いコラムニストでもあるアンドレフ・ウォルデンは、その疑問をこんな言葉でツイートした。
「総選挙まであと十八日といういま、学校をずる休みしている十五歳の子どもが、ほかのだれより大人にみえる」
学校ストライキから人々の関心をそらしたかった政治家のひとりとして、市場自由主義を掲げるシンクタンク〈ティンブロ〉の福祉部長だったヨハン・インジェーロ（現在はキリスト教民主党の政策部長）があげられる。八月二十三日のツイートを紹介しよう。
「気候問題でストライキをしている子どもがいることについて、道徳的な心配はしていない。子どもがなにかに一生懸命になっているのはいいことだし、義務教育に関していえば、重要なのは学校に行くことではなく教育を受けることだからだ。ただ、わたしがその場をみにいったとき、彼女のそばにいた若者はせいぜい五、六人。報道関係者の数のほうが多かった。ニュースの価値だけは高いのだろうが、ストライキの規模からいえばたいしたことはない。どの学校でも、もっと多くの生徒が体育の授業をサボっているのではないか。

正直、この状況をどう解釈すべきなのかわからない」
なかなかおもしろいコメントだ。ジャーナリストらしい視点から書かれている。
世間がどう反応しているか、それが重要なのだ。スウェーデン国民はみな、グレタの学校ストライキについて自分なりの意見を持たなければならないと感じている。だからこそ、賛成派と反対派の対立が生まれるし、マスコミはそれを報道していくことになる。
ぼくたちジャーナリストにとって、この状況は、キャンディがたくさん入った袋を手に入れたようなものだった。いつでも好きなキャンディを食べ放題。まわりのひとりひとりがグレタについて意見を持っているということは、みんながグレタの記事を読みたがっているということだ。実際、たくさんの人に読んでもらえた。
これまで、さまざまな有名人の意見をとりあげた。おもしろいことに、グレタについて怒りの声をあげるのは男性がほとんどだったが、同時に、彼らに対する怒りの声も生まれてくる。グレタを支持する有名人もたくさんいたからだ。
たとえば社会民主労働党のアンニカ・ストランドヘル。当時は社会保障大臣の職にあった彼女は、ハニフ・バリのツイートにコメントをつけた。
「最悪な意見ですね。国会議員の風上にもおけません。十五歳の女の子がこんなに真剣にものを考えているというのに」

ストライキの現場を訪れてグレタを応援する政治家は、ほかにもいた。ストライキの二日目、左翼党の党首ヨナス・シェーステットが、環境・気候政策のスポークスパーソンを務めるイェンス・ホルムを伴ってグレタのもとを訪れた。

ぼくはイェンス・ホルムにいくつか質問をすることができたので、その日のオンライン記事にそれを書いた。

「何年も前から、気候問題についてのさまざまな意見が市民サイドから出されてきていますが、今回のことをどう思いますか？」

今回のような抗議活動を目にするのははじめてですね。活動家が子どもだということが重要です。なぜなら気候問題は、今後この地球で生きていくわたしたちの子どもや孫の世代の問題なのですから。

今回の活動は学校ストライキであるという点が特殊です。親として、子どもには学校に行ってほしいと思いますし、議員としても、義務教育は大切だと考えます。しかしグレタは、「子どもは学校に行くべきだと大人がいうなら、子どもだっていいたいことがあります。大人は二酸化炭素排出量を減らして環境を守るべきです」といっています。

この考えかたは重要ですね。大人が子どもにあれこれ命令するならば、当然、子どもだって大人に命令をしてもいいはずです。

「あなたとヨナス・シェーステット氏はグレタに話しかけていましたね。なにを話したんですか？」

グレタを励ましました。環境や気候の問題についてよりよい政策を作るヒントをもらえたと、感謝の気持ちを伝えました。

三日目、グレタに話をきくと、すでにいくつもの政党の党首が彼女に会いにきたとのことだった。左翼党のヨナス・シェーステットとイェンス・ホルムだけでなく、社会民主労働党のアンニカ・ストランドヘル、当時緑の党のスポークスパーソンだったグスタフ・フリドリンとイサベラ・ロヴィーンも、ストライキ中のグレタに話しかけてきたそうだ。

「それだけじゃありません。たくさんの人たちが通りかかって、わたしに親指を立ててみせてくれました」

わたしが「SNSでの批判的なコメントについてはどう思う？」と尋ねると、グレタはこう答えた。
「好きなように批判すればいいと思います。気にしていません」
四日目の朝、国会議事堂の外はずいぶん人が少なかった。グレタにいつもの質問をしてから写真を撮っていたとき、建物入り口のドアが開いて、男がひとり出てきた。制服姿ではない。足早にグレタに近づいてきたが、ぼくにはその表情が読めなかった。男が警備員だとしたら、ここを立ち去れといいにきたのだろうし、政治家だとしたら、単に話しかけにきただけだろう。ぼくはそのまま待っていた。グレタと警備員が言い合いをするシーンをみることができたら、それはそれでありがたい。
しかし、グレタのそばまでやってきてから、男は微笑んだ。男はここの事務員らしい。議員あてに届けられた郵便物の仕分け担当者なのだろう。グレタに一枚のハガキを手渡した。
「イェテボリからだわ」。グレタは意外そうにいうと、文面を声に出して読みはじめた。まずは宛て名の住所から。
「ストックホルム100―12、国会議事堂の外で学校ストライキをやっているグレタ・トゥーンベリさんへ」

続いて文面。
「こんにちは、グレタ。あなたの勇気と意志の強さはすばらしいです。気候問題は、選挙の最大の争点になるべきです。みんなで力を合わせてがんばりましょう」
わたしはその事務員に、建物内で働いている人以外への郵便物が届くことはよくあるのかと尋ねた。彼は質問には答えず、笑っただけだった。グレタに励ましの言葉を残して、建物の中に戻っていった。
その後まもなく、環境問題を扱ういくつかの団体も、グレタの抗議活動の持つ爆発的影響力に気づいたようだった。
たとえば五日目の出来事。Fältbiologerna《フェイルトビオレジャーナ》〈訳注：自然研究と環境保護に関心のある若者のための組織〉という青年組織がフェイスブックで行動を起こした。グレタの活動の支援イベントを現地とオンラインの両方で開催するのでぜひ参加してください、と広く呼びかけたのだ。〈We support the school strike for the climate〈気候のための学校ストライキを支援します〉〉という名前のグループを作ったところ、ほんの二、三時間のうちに数百人が参加登録をしたという。
「そのグループのページはまだみてないけど、そういうことが計画されているっていうのはききました。とてもいいですね」。その日、グレタはぼくにそういった。

そんなふうにグレタのストライキは続き、今日に至る。グレタの行く先々で、人々は賛成派と反対派に分かれる。グレタを称賛し、応援する人々と、グレタを批判し、疎《うと》ましく思う人々。
それはつまり、グレタの物語はマスコミにとって格好の取材対象であり続けているということだ。グレタに会ってなにも感じない人はいない。
そのいい例がドナルド・トランプだ。二〇一九年十二月十二日、『タイム』誌が選ぶ〝今年の人物〟にグレタが選ばれたことについて、彼はこんなコメントをした。「ばかばかしい。グレタはアンガーマネジメントのカウンセリングを受けるべきだ。それから友だちと古い映画でもみにいったらどうなんだ？　まあ落ち着けよ、グレタ！　落ち着け！」
これとは対照的に、バラク・オバマは同年四月二十二日、アースデイ（地球の日）に関連して次のようなツイートをしている。
「世界中の若者たちが、わたしたちの地球を守るための戦いに出ようとしています。彼らの将来が、その戦いにかかっていると知っているからです。今日はアースデイ。勇気と熱意を持った若いリーダーたちが、わたしたちのたったひとつの地球を守るために立ち上がってくれたことを讃えます。

そうしたリーダーのひとりが、十六歳のグレタ・トゥーンベリです。スウェーデンの国会議事堂前での彼女の抗議活動は、ムーブメントを起こしました。グレタがはじめた〈未来のための金曜日〉と呼ばれる金曜日の学校ストライキは世界中に広がり、気候のために行動を起こそうと、先月は百万人以上がストライキに参加しました」

2018年　8月27日
月曜日

「

なんでおまえだけ
義務教育を受けなくていい
と思ったんだ?
ママがいいっていったのか?

」

SKOLSTREJK

SKOLSTREJK
FÖR
KLIMATET

2018年　8月28日
火曜日

「

みんな、
もうあきあきしてるよ。
はじめはちょっと
注目されたけどね

」

TREJK

2018年　8月29日

水曜日

「
警察はなにを
ぐずぐずしているんだ?
国会議事堂のセキュリティは
どうなってる?
それとも、
あんなところでストライキを
してもいい日数制限かなんかが
設けてあるのか?
」

GLASS
SKOLSTREJK FÖR KLIMATET

2018年　8月30日

木曜日

「

はあ……。
学校に行きなよ。
かわいそうな子!

」

SKOLSTREJK
FÖR
KLIMATET

2018年　8月31日

金曜日

「

グレタちゃんは
いつまで学校をずる休みするの?
ママがいいっていうまで?
でも、それってなんのため?
本当にばかばかしい……。
ところで、
ママの本の売れ行きはどう? 😂

」

SKOLSTREJK
FÖR
KLIMATET

3

第三週

「あのティーン
エイジャー」

あとから振りかえってみると、ぼくが毎日グレタの写真を撮って記事にしていたことにはもともと台本があったのではないかと、多くの人の目には映っていたのかもしれない。つまり、あの三週間、ぼくはグレタサイドに雇われていたんだろうと。しかし、もちろんそれは誤解だ。

たとえば世間に広く知られている写真の一枚——プラカードを持ったグレタの写真——は、ストライキの六日目、つまり第二週の月曜日に撮ったものだ。その前夜、ぼくはたまたまボブ・ディランの『サブタレニアン・ホームシック・ブルース』の音楽ビデオをユーチューブでみていた。ボブが大きな白い紙の束を持っていて、その一枚一枚に歌詞が少しずつ書いてあるやつだ。その紙を一枚ずつ下に落としていく。それをみて、あるアイディアが浮かんだ。ボブの動画から静止画を一枚キャプチャして、そのとなりに、同じポーズをとったグレタの写真を並べたらどうかと考えたのだ。

それをインスタグラムにアップするつもりだったが、考えていたのはそこまで。のちにその写真が『Scener ur hjärtat』のポーランド語版の表紙に使われるなんて、もしだれかが予想していたとしても、当時のぼくは「なにをばかなことを」と思ったにちがいない。

未来を予測するのは難しいものだ。今後の世の中がどうなるかについてグレタと話していたとき、グレタ自身もはっきりそういっていた。グレタは二〇〇三年生まれ。学校ストライキをはじめたときは十五歳で、二〇五〇年には四十七歳になる。すでによく知られているように、現在ある気候問題はすべて、このままだと二〇五〇年にはどんな状況になっているか、というふうに語られることが多いし、どの政治家も、二〇五〇年を問題解決の長期目標年に定めている。

「これからどうなると思う？」。ぼくはきいた。

「わたしにもわかりません」。グレタは答えた。

それから、あの写真を撮った。

自分が写真家だと思ったことは一度もない。はじめて手にしたシステムカメラは、売っている中でいちばん安いやつだった。二〇一〇年、グリーンピースで働いていたとき、スウェーデン全国をまわる三週間のキャンペーンツアーに出るときに買った。国は百パーセント再生可能な電力システムに投資すべきだ、という趣旨のキャンペーンで、さまざまな都市を訪れた。ぼくたちの主張を理解してくれる人々に頼んで、当時ぼくたちが狙いを定めた特定の政治家に向けたメッセージを掲げてもらい、ぼくがその写真を撮った。

最初の夜、宿泊先のホステル〔訳注：簡易な宿泊施設〕に戻ると、その日撮ってきた百枚ほどの写真をストックホルムのオフィスにいる同僚たちに送った。すると怒りの電話がかかってきた。
「つまらない写真ばかりじゃないか。編集者が一枚ずつ手を加えないと、このままじゃ使いものにならない」
カメラの設定については、いまだにきちんと理解できていない。当時の同僚であり現在も親しくしているルードヴィグ・ティルマンが何年もかけて根気よく説明してくれたものの、絞り、シャッタースピード、ＩＳＯ感度といった設定がどういうことなのか、いまひとつわからないのだ。いつも勘が頼りだから、たまたまいい写真が撮れたと思ったら、その設定をそのまま保存しておく。
ジャーナリストとして働きはじめたとき、雑誌『Miljöaktuellt（環境問題）』の上司たちに、自分のカメラを持つようにとしきりに勧められたものだ。そのぶん予算を削ることができるのだから、会社がそういうのも当然だ。しかしぼくはそのときもまったく同じで、完璧な写真を撮ってくることもあったし、ピンボケで使いものにならない写真しか撮れないこともあった。それでも、その会社では写真の撮りかたをみっちり教わったし、がんばって働いたことで、少しはましなカメラに買いかえることもできた。
グレタを撮影するのに使ったのは、二〇一三年から使っているカメラだ。とくに二週目には、幸運としかいいようのない写真が何枚か撮れた。たとえば七日目のこと。アップで撮ったグレタの写真はとても有名になり、絵画にもなった。あるアーティストが連絡してきて、「モナリザの微笑みを彷彿させる写真ですね」といったのだ。サンフランシスコの建物の壁面に、その絵は大きく描かれている。

しかし、世界の人々がもっともよく目にするのは、黄色いレインコートを着てフードを深くかぶり、真剣な顔をしたグレタの写真だ。あれを撮ったのも二週目。金曜日だった。

『Effekt』が創刊十周年をもって廃刊となることが決まったとき、ぼくが二〇一二年から二〇一六年まで働いていた非営利ニュースサイトの〈Supermiljöbloggen〉にインタビューを申し込まれた。以下はそのときのやりとりだ。

「これからも忘れられないであろう記事は?」

「ううん、難しいな。けど、グレタ・トゥーンベリの学校ストライキ十日目のことは、いまもありありと覚えているよ。あのとき、ぼくは三週間現場に通い続けて、グレタとストライキについて毎日記事を書いていたんだ。九日目まではいいお天気だったのに、十日目になって、はじめて空模様が怪しくなってきた。天気予報アプリでも、雨の予報が出ていたんだ。だからその日は現場に長くとどまった。雨が降ってきたときにグレタがどうするのか、みたかったからね。何時間か中断するかもしれないし、近くの屋根のあるところに移動するかもしれないと思った。ところが、雨が強くなっても、グレタはリュックに入っていたレインコートを着て、授業の終わる時間まで、そのままストライキを続けたんだ。そのときやっとわかったよ。あの十五歳の女の子は本気でやっているんだって。ぼくはすごく幸運だったと思う。そのときの写真が世界中の本や雑誌に掲載されたんだからね。最高だよ」

2018年　9月3日

月曜日

「

気候なんて、
人間にはまったく関係ない。
『気候変動の脅威《きょうい》』は、
主に西洋の男性を標的にした
左翼の陰謀論にすぎない

」

SKOLSTREJK
FÖR
KLIMATET

TV2

2018年　9月4日

火曜日

「

洗脳されてるんだね、
かわいそうに

」

2018年　9月5日

水曜日

「

学校に行って
教室に座りなさい。
母親のいいなりになっちゃだめ

」

2018年　9月6日

木曜日

「

学校からは、
ずっと休んでいることを
なにもいわれないの？
学校が認めているとしたら、
それってちょっと
おかしなことだと思う

」

effekt
NIKE

2018年　9月7日
金曜日

「

スウェーデンの若者たちが
なにを考えていようが
考えていまいが、
ほかの国の人たちにとっては
どうでもいいことなんだけどね

」

4

その後
「友だち」

最後の五日間は大変だった。ぼくは雑誌の編集で大忙しだったたし、グレタのほうも、ぼくがみるたび、いつも忙しそうだった。現場での取材だけでなく携帯電話での取材もあるし、通りかかる人の多くが立ちどまって話しかけようとする。基本的に、グレタにインタビューするのは簡単なことではないし、近づいて写真を撮るのも難しい。とはいえ、学校ストライキの高まりが新しいレベルに達したことがわかってうれしかった。

『ガーディアン』紙に掲載されたグレタの記事は、あっというまに世界中に広まった。その数日後、BBCが学校ストライキについて二分間の映像を流したことで、このことはアーノルド・シュワルツェネッガーの耳にも入ることになった。元カリフォルニア州知事であり映画『ターミネーター』の主役でもあったシュワルツェネッガーは、ツイッターにこんな投稿をした。

「文句をいうばかりじゃなく、自分で問題を解決しようと行動する人をみているのは気持ちがいいものだ。グレタ、きみには心を動かされたよ。学校の勉強もがんばってほしい。そして、きみをR20オーストリア・サミットに招待したい。もっとたくさんの人の心を動かしてほしいから」

グレタはとてもクールな返信をした。

「よろこんで。地獄で会おうぜ、ベイビー！」

木曜日、グレタは雑誌『ＥＴＣ』に長文の記事を寄稿し、これが大きな反響を呼んだ。巻頭に掲載された記事のうち、印象に残った部分を紹介しよう。

助けを求める声に、耳を傾けてください。

気候の問題をまったく報道しないすべての新聞社のみなさん。夏に森林火災が起きたときは「気候は現代の最重要課題だ」といっていたくせに、それきりですか？

本当の危機感を抱いたことのないみなさん。

気候や環境の問題だけを無視する、インフルエンサーと呼ばれるみなさん。

気候問題に真剣に取り組むふりをするだけの、すべての政党のみなさん。

ＳＮＳでわたしたちを叩くばかりか、わたしのことを、よりにもよって「知的障害がある」とか「まがいもの」とか「テロリスト」とかいう言葉で攻撃する、政治家のみなさん。

気候変動による悲劇ではなく、それを防ぐための変化をおそれるあまり、問題から目をそらし続けているみなさん。

黙っているのは最悪の選択です。

金曜日、学校ストライキの最終日ということもあって、国会議事堂前にはたくさんの人が集まっていた。ぼくは写真を撮るだけにして、グレタの邪魔をしないことに決めた。

この日もなかなかの見物《みもの》だった。さまざまな年齢層の人々が集まっていたし、緑の党のグスタフ・フリドリンとアリス・バー・クンケをはじめとする政治家もいた。この日はちょうど、左翼党が市の中心部で選挙運動をやっていて、バイシクル・ビートというバンドが参加していた。三人組のバンドで、サックス二本と、自転車を改造したドラムスを使う。彼らは突然、路上で即興のライブをはじめた。グレタのまわりに集まっていた若者たちが音楽に合わせて踊りだす。なにかのお祭りみたいに華やかなムードになった。

やがて終わりの時間が来た。ストライキの初期から通ってきていた人々が輪を作り、ハグを交わす。泣いたり笑ったりしながら、これからも連絡を取りあおうと約束する。

そしてみんなが帰っていった。ひとり残されたグレタは荷物を片づけ、三週間前に来たときと同じようにひとりぼっちで歩きはじめた。

しかしまもなく父親のスヴァンテがあらわれ、グレタのもとにやってきた。ふたりは肩を並べて家路についた。

その後の経過は、いまでは多くの人が知っているだろう。グレタは毎週金曜日に〈未来のための金曜日〉とのスローガンのもと、世界中の若者たちといっしょに学校ストライキを続けている。ヨーロッパ各地をまわってデモに参加し、いくつもの気候会議でスピーチをし、世界の要人たちとも面会した。その中には国連事務総長のアントニオ・グテーレスやU2のボノといった名前もある。ローマ教皇もグレタとの対面を望んでいたそうだ。それだけではない。グレタはヨットでアメリカに行き、同じくヨットでスウェーデンに帰ってきた。

二〇一八年の八・九月以降、ぼくは前より少し距離をとりながらも、グレタの活動にまつわるすべてを見守ってきた。ストックホルムでおこなわれた、いわゆる〝大型ストライキ〟に、カメラを通して関わってきたのだ。しかし、あの時期のあと、グレタに会ったのはたった二回だ。どちらも二〇一九年の春。場所は国会議事堂の前だった。

その一回目は、『Effekt』が「市民的不服従」をテーマにしたときだった。

「世の中に変化を起こそうとするとき、市民的不服従が有効なツールになるのはなぜだと思う?」

「市民的不服従運動によって、人々の注目を集め、その注目を特定の方向に導くことができます。たとえば気候危機や環境危機といったものに」。グレタは答えた。「わたしたちは学校ストライキを通して、この社会が危機に瀕しているというメッセージを発信しています。なぜなら、社会が危機に瀕していることに気づかない限り、人は、危機を脱するための行動をとろうとしないからです」。

二回目は、グレタがイギリスを訪問した直後だった。

ぼくは、下院議長ジョン・バーコウの姿勢に感銘をおぼえていた。グレタの訪問を受けて、彼は議会でグレタを次のように紹介した。

「イギリス下院を代表して、グレタ・トゥーンベリさんを歓迎します。本日ここにいらしてくださったトゥーンベリさんは、熱心で献身的な環境問題活動家です。わたしは議長として、こうした問題にはさまざまな見方があり、活動の方法についてもさまざまな考えかたがあることを理解しています。しかしながら、下院のみなさんの思いは同じでしょう。若い人たちが立ちあがり、声をあげてほしい、心配事を多くの人々に知らせてほしい、という思いです」

しかし、グレタのスピーチにはより深い感銘を受けた。「きこえていますか」というスピーチだ。それまでにきいた中で最高のスピーチだった――ぼくはグレタにそう伝えたかった。
「マイクのスイッチは入っていますか？」
すばらしい。

ところで、ぼくが撮ったグレタの写真について、あらためてお話ししようと思う。あれらの写真があたかもひとり歩きしはじめたかのように世界に広まったのは、どうしてなのか。

二〇一八年の総選挙から三週間後の九月二十九日、スヴァンテがメールをくれた。まもなく『ザ・ニューヨーカー』というアメリカの雑誌にグレタについての記事が出るとのこと。マーシャ・ゲッセンというジャーナリストが書いたもので、編集部はそこにぼくの撮った写真を載せたいらしい、メールが来るだろうからよろしく、と。

メールが来た。

「『ザ・ニューヨーカー』の写真担当者です。明日、グレタ・トゥーンベリについてのオンライン記事が公開されます。グレタのお父さんから、あなたがすばらしい写真を何枚か撮っているとうかがいました。

記事の内容に合う写真を一枚選んで、使用させていただきたいと存じます。一度限りの使用という条件で、七十五ドルではいかがでしょうか。よろしければ、ご希望や条件をおきかせください」

どう判断したらいいのかわからない、というのがぼくの判断だった。ただ、七十五ドルというオファーは、『ザ・ニューヨーカー』のようなメジャーな雑誌にしてはかなり低めだ。フリーランスのジャーナリストとしては、こういうときにしっかりふんばって交渉する必要がある。ただでさえギャラは低くなっていく一方なのだから。

別の意味でのためらいもあった。これはグレタの写真だ。グレタは、本の売り上げから得られる収益は全額、さまざまな環境関連組織や、障害を持つ子どもや若者を支援する非営利団体に寄付するといっていた。

なのに自分だけが高額なギャラを求めていいものだろうか。そもそも、あれらの写真にそれだけの価値があるのはグレタのおかげだというのに。

なにかの形で力になれたら、ぼくもこの状況をもっと楽しめるかもしれない。たとえば、各国のマスコミがグレタの写真を気軽に使うことができるようにするとか。グレタへの関心が高まっているいま、それは意味のあることだろう。

じつは、『Effekt』秋号が刊行間近だということも気になっていた。秋号のテーマは「交渉」。つまり、考えかたや意見が異なる相手と協力して前に進むにはどうしたらいいか、ということだ。外交官であり、かつては国連副事務総長も務めたヤン・エリアソンへのロング・インタビュー記事もある。互いに協力しあうことをもっと大切にしていくべきであり、そうでなければ、気候変動のような地球規模の問題に太刀打ちすることはできないだろう、というのが彼の意見だった。

記事の冒頭には、ヤン・エリアソンが以前口にした言葉を引用した。

「ともに進もう！　〝ともに〟という一語こそ、世界でいちばん重要な言葉だ」

というわけで、『ザ・ニューヨーカー』の写真担当者に返信した。

「一時間待っていただければ、写真を三枚か四枚お送りします。その中から選んでください。掲載時に撮影者の名前を添えていただければ、使用料はいただきません」

記事は翌日には公開されなかったが、数日後、メールが来た。書かれているリンク先に飛んでみると、彼らが選んだのは、黄色いレインコートを着たグレタの写真だった。マーシャ・ゲッセンの記事は次のようにはじまった。

「世界の人々が市民的不服従の重要性をわかっていないな、と思うことがときどきあります。法律やルールがきちんとしているスウェーデンのような国でさえ、そうなのです。十五歳のグレタ・トゥーンベリが抗議活動をはじめてから、すでに一カ月以上になります。

九月九日の総選挙を前に、グレタは国会議事堂前の通路に座ってストライキをはじめました。選挙のあとはまた学校に通うようになりましたが、金曜日だけは前と同じ場所に座りこみ、政府が気候変動に対する抜本的対策をとるように要求しています」

その後、新聞各社を含むさまざまな人や会社から、ぼくが撮ったグレタの写真を使わせてほしいというメールがたびたび届くようになった。十一月にはスヴァンテからも連絡があり、『Scener ur hjärtat』の小型本の表紙に写真を使いたいとのこと。もちろんどうぞと答えたが、結局使われたのは、ミッカン・パームクヴィストという写真家が撮ったすばらしい写真だった。

ところが、本が海外でも売られるようになると、たとえばイタリア、フランス、オランダといったヨーロッパの国々で、ぼくの撮った写真がますます注目されるようになった。使用許可を求めるメールが届くたび、ぼくは「どうぞどうぞ」と答えていた。

グレタのスピーチが『No One is Too Small to Make a Difference（変化を起こすのに小さすぎるということはない）』というタイトルの本になったときはおもしろかった。出版社は当初、タイトルとグレタの名前を表紙に出して、黄色いレインコートの写真を裏表紙に載せたのだが、のちにアメリカで出版されたバージョンでは、表紙のほうにも写真が載せられていた。

そんなわけで、二〇一九年三月、『ネイション』誌が表紙に黄色いレインコートの写真を採用したものの、写真家の名前が間違っていたとき、グレタがツイッターでそのことに触れてくれたのは自然な流れだったといえるだろう。

当時、グレタのSNSのフォロワーがどれくらいいたのか覚えていないが、おそらく数百万人はいただろう。当然、すぐさまメールが殺到した。あの写真にまつわる経緯を知っている人たちからのメールだ。その多くには、もしグレタの指摘が事実なら、ぼくはウィキメディア・コモンズに写真を登録し、写真はだれでも自由に使えることとそのための条件とを明記すべきだと書いてあった。

流れには逆らえない。ぼくは写真を全部で七枚、ウィキメディア・コモンズに登録した。以降、それらの写真はさまざまな場所（ありえないような場所も含めて）に使われている。本や新聞だけではない。衣料や建物の壁面にも、グレタが登場したのだ。ツイッター、フェイスブック、インスタグラムなどのSNSはいうまでもない。

いまも、そうしたグレタの写真をみるたびにうれしくなる。

そんな中でも、とくにうれしかったことが三回あった。

一回目は二〇二〇年一月三日。パティ・スミスが写真の一枚を使ったとき、音楽誌『ローリング・ストーン』はそれをこんなふうに紹介した。

「環境活動家グレタ・トゥーンベリの十七回目の誕生日を祝って、パティ・スミスはグレタの写真をインスタグラムに投稿し、キャプションとして次のような詩を書いた。

グレタ・トゥーンベリは今日で十七歳。
称賛もプレゼントも求めない。
みんなに求めることはただひとつ、
「どっちつかずにならないで」
地球には地球らしさがある。
すべての神様のように。
動物や回復の泉のように。
誕生日おめでとう。
今日もいつもの金曜日と同じく
どっちつかずにならないために
ストライキをするグレタへ。

二回目は二〇二〇年四月。グレタが関係する地球規模のキャンペーンに写真を使いたいとのことで、ジュネーヴにあるユニセフ本部から連絡があった。このキャンペーンについて、ユニセフのスウェーデン支部が次のようなプレス・リリースを発表した。

「キャンペーンで得られる収益は、COVID–19による短期的または長期的影響から子どもたちを守るために使われます。すなわち、食糧不足、医療不足、暴力、学校に行けない、といった問題に対処するためです。具体的に例をあげるならば、石けん、感染予防用品、ヘルスケア用品、など。また、各種の情報提供やトレーニング戦略なども、これに含まれます」

三回目は二〇二〇年十一月。学生でありノーベル平和賞受賞者であるマララ・ユスフザイがこんなツイートをした。

「『アセンブリ』の最新版にゲスト編集者として参加してくれたグレタ・トゥーンベリ、ありがとう！　あなたは大切な友だちよ。グレタのことも、気候問題と戦う世界中の若いリーダーたちのことも、わたしは誇りに思っています」

『アセンブリ』はマララが主宰するオンライン雑誌で、グレタが編集に関わったことから、マララはこのツイートをしたのだ。グレタはその中で記事も書いていて、そこにも黄色いレインコートの写真が使われている。いまや、あの写真はマララにもつながったわけだ。

このツイートをみたとき、ぼくは『Scener ur hjärtat』に書かれていたことを思い出した。グレタは長いこと学校でいじめられていて、友だちがひとりもいないというのだ。「クリスマス休暇の日々をすべて使って、グレタは学校で起こったことを話してくれた。ひどいとしかいいようのないことばかり。まるで映画にでも出てくるような典型的ないじめもあったし、どれも、きいていてとても腹立たしいものだった。

校庭でみんなに叩かれたり、おかしな場所におびきだされたり、仲間はずれにされたり。唯一の逃げ場である女子トイレにときどき隠れては、ひとりで泣いていたそうだ。それでも結局は見回りの警備員にみつかって引きずりだされ、また校庭に出なければならなくなる」

そんなグレタのことを、マララは友だちだといっている。よかった、と思った。

未来に希望を持つことができた。

もちろん、グレタがそういう表現を嫌うことは知っている。「希望なんていりません。希望なんて持ってほしくありません。慌ててほしいんです」。スピーチの中で、グレタはそんなふうにいったことがある。

しかしぼくは、それは間違っていると思う。
行動を起こせば希望が生まれる。
希望があれば行動を起こせる。

R FUTURE
THE OC
ARE RIS
AND SO AR

FRIDAYS FOR FUTURE
FRIDAYS F

@skolstrejkare
SKOLSTREJK FÖR KLIMATET
FRIDAYS FOR FUTURE

WE'RE MISSING OUR LESSON
SO WE CAN
TEACH YO
FRIDAYS FOR FUTURE
SKOLSTREJ
FÖR
KLIMATE
PROTECT OUR
ITS THE FINAL
SOS
SYSTEM
VUXNA
PROBLEMET
I WANT A NOT A
TAKE ACTION NOW
YOU
350
Carrier

FÖR FUTURE
#GRAND PARENTS for FUTURE
DET ÄR
NU
FÖR B-
ARNS FR-
ALVÄR NU OCH INTE SEN!
MILJÖN ÄR VIKTIG
SLUTA FLYG

KLIMATET
ARN & BARNBARN
SKOLSTREJK
FÖR KLIMATET!
STOPP
STOPP!
SKOLSTREJK
FÖR
KLIMATET!

I AM:
A VERY HAPPY YOUNG GIRL
LOOKING FORWARD TO A BRIGHT & WONDERFUL FUTURE
NONE OF THE ABOVE
ALLA TILLSAMMANS
FÖR
KLIMATET
GO!
GRÉTA
SKOL-STRE
FÖR
LIMATET!

SAVE THE ANIMALS!
There is NO planet B
Students from Järvaskolan
SKOLSTREJK FÖR KLIMATET
ACT NOW!!!

FOR THE
THERE'S NO
B
WAKE UP HUMANS WE'RE ENDANGERED TOO!
THE SEA LEVEL IS RISING, SO ARE WE
Climate Breakdown Is Real!
ACT NOW!
THE OCEANS ARE RISING SO ARE WE!
RÄDDA
TA TAG I ERA LIV
ÄDDA
RDEN
GE OSS
OM NI INTE AGERAR
VUXNA

ERT ANSVAR
VÅR FRAMTID
DET ÄR VÅR FRAMTID
VI KAN INTE
VÄNTA!!!

Sh

原著より引用
この本の出版にあたっては、グレタ・トゥーンベリの承認を得ています。写真の多くは未発表のもの。売り上げによる収益の半分はグレタ・トゥーンベリ財団を通して、気候問題と戦う世界中のさまざまな組織に分配されます。収益の残りの半分は、独立系ニュースサイト〈Bokdjuret〉に寄付されます。書籍出版によりスタートしたこのサイトは、環境・気候・サステナビリティ関連の記事を発信しています。主宰はアンダシュ・ヘルベリ。

アンダシュ・ヘルベリ
ジャーナリスト、環境活動家。スウェーデンにて環境、気候、持続可能社会に関する執筆活動を行う。2018年8月から9月にかけて、環境活動家グレタ・トゥーンベリの「気候のための学校ストライキ」を取材。その後、当時撮影したグレタの写真を著作権フリーのウィキメディア・コモンズに登録。特に黄色いレインコート姿のグレタの写真は様々な場面で使用され、世界的にも有名。その後もグレタの取材を続けている。

西田佳子(にしだ・よしこ)
愛知県名古屋市出身。東京外国語大学英米語学科卒業。『わたしはマララ』(マララ・ユスフザイ著／学研プラス)、『マララが見た世界』(マララ・ユスフザイ著／小社刊)、『Start Now! はじめて考える地球の問題』(チェルシー・クリントン著／小社刊)など社会活動家の女性の書籍翻訳本を数多く手掛ける。

グレタの真実
3週間で世界を変えた少女の素顔

2022年7月20日　初版発行

作｜アンダシュ・ヘルベリ
訳｜西田佳子
発行者｜南 晋三
発行所｜株式会社潮出版社
〒102-8110　東京都千代田区一番町6　一番町SQUARE
電話｜03-3230-0781(編集)　03-3230-0741(営業)
振替口座｜00150-5-61090

印刷・製本｜株式会社暁印刷
日本語版デザイン協力｜Malpu Design(佐野佳子)

ISBN 978-4-267-02346-0 C0098

www.usio.co.jp

THERE ARE NO
IT IS NO PLANET B
FRIDAYS
STREJK!
FRIDAYS FOR FUTURE
ACT NOW
CHANGE THE FUTURE

ACT NOW
CHANGE THE
FUTURE
SKOLST
FÖ
CLIMAT